中國地理繪本

雲南、貴州、四川、重慶

鄭度◎主編　黃宇◎編著　佐久間譽之◎繪

中華教育

責任編輯 梁潔瑩
裝幀設計 龐雅美
排版 龐雅美
印務 劉漢舉

中國地理繪本

雲南、貴州、四川、重慶

鄭度◎主編　黃宇◎編著　佐久間譽之◎繪

出版／中華教育

香港北角英皇道 499 號北角工業大廈 1 樓 B 室
電話：(852) 2137 2338　傳真：(852) 2713 8202
電子郵件：info@chunghwabook.com.hk
網址：http://www.chunghwabook.com.hk

發行／香港聯合書刊物流有限公司

香港新界荃灣德士古道 220-248 號荃灣工業中心 16 樓
電話：(852) 2150 2100　傳真：(852) 2407 3062
電子郵件：info@suplogistics.com.hk

印刷／美雅印刷製本有限公司

香港觀塘榮業街 6 號海濱工業大廈 4 樓 A 室

版次／ 2022 年 10 月第 1 版第 1 次印刷

規格／ 16 開 (207mm x 171mm)

ISBN ／ 978-988-8808-64-9

目錄

※ 中國各地面積數據來源：《中國大百科全書》（第二版）；
中國各地人口數據來源：《中國統計年鑒 2020》（截至 2019 年年末）。

※ ◎為世界自然和文化遺產標誌。

彩雲之南——雲南

省會：昆明
人口：約 4858 萬
面積：約 39 萬平方公里

雲南省，簡稱滇、雲，位於西南邊陲，是中國民族種類最多的省份。獨特的高原風光和多姿多彩的民族風情讓雲南成了聞名海內外的旅遊勝地。

鮮花餅

雲南特色點心，用鮮花做餡，香甜可口。

滎陽油紙傘

騰衝滎陽村的傳統手工藝品。

鮮切花產業

雲南是全國最大的鮮切花生產省，也是亞洲著名的花卉種植中心。

雲南民族大觀園

位於昆明。在這裏可以一站式體驗雲南各民族豐富多彩的文化。

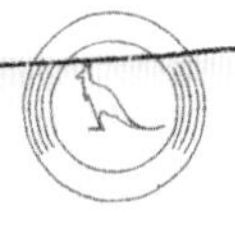

曉晴：

雲南真是個神奇的地方！我昨天去爬了雪山，今天居然在熱帶雨林裏！爸爸說明天帶我走一走茶馬古道，好期待騎馬啊！

子謙

大理張家花園

高高翹起的屋簷和華麗的彩繪代表着白族建築的特色。

瀘沽湖

在雲南和四川兩省交界處，湖邊是摩梭人的主要居住地。

箇舊錫器

箇舊有「錫都」的稱號，製作錫器的技藝很高超。

過橋米線

雲南美食，在滾燙的高湯中放入米線和蔬菜等食材，然後食用。

地形地貌

地勢北高南低，呈階梯狀下降。地貌以山地高原為主，東部石灰岩地區屬於典型的喀斯特地貌。

氣候

大部分地區屬於亞熱帶高原季風氣候，日溫差較大，乾濕季分明。

自然資源

有色金屬資源豐富，有「植物王國」和「動物王國」的稱號。

勐煥大金塔

金碧輝煌，十分壯觀，與周圍的傣族村落和大自然景色共同構成和諧優美的風光。

元謀土林

位於元謀縣，是長期流水侵蝕下形成的一種自然地貌。

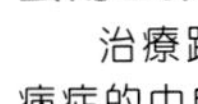

雲南白藥

治療跌打損傷等病症的中成藥，由一名雲南醫生發明研製。

大理石

因為盛產於大理而得名，常帶有美麗的花紋。

鄭和

明朝航海家，曾先後七次率領大規模船隊出使西洋。

阿昌族

善於製造鐵器，他們製造的阿昌刀非常有名。

騰衝火山羣

中國保存最完好、分佈最廣、多次噴發形成的新生代死火山羣之一。

崇聖寺三塔位於大理蒼山腳下、洱海湖畔，由三座塔組成。其中最高的塔名為千尋塔，高近 70 米。三塔和它們的水中倒影組成了一幅和諧美麗的畫面。

美麗的春城昆明

昆明四季如春，鮮花常開，常被稱為「春城」。想像一下，生活在一個既沒有嚴寒也沒有酷暑的地方該有多幸福！

藍花楹大道

四五月份是藍花楹開花的時節，昆明教場中路也「盛裝打扮」起來。整條街道都籠罩在如夢似幻的藍紫色花海中，吸引了許多賞花的遊人。

滇池和它的「小夥伴」

滇池是中國西南地區第一大湖，有「高原明珠」的美譽。每年冬天，成羣結隊的海鷗來到滇池躲避寒冬。

車站上的博物館

雲南鐵路博物館建在昆明北火車站裏，是中國目前唯一一個「車站上的博物館」。館中收藏了許多珍貴文物，濃縮了雲南鐵路的百年風雨歷程。

大自然的調色板

在昆明市東川區，分佈着一片別具特色的紅土地。磚紅色的土壤和綠油油的青稞田相互交錯，好像大自然的調色板。人們稱呼這裏為「花石頭」。

金馬碧雞坊

由金馬坊和碧雞坊組成，是昆明的標誌性建築。金馬碧雞坊始建於明朝，至今已有近400年的歷史。

壯麗的雲南風光

雲南省地貌以山地和高原為主，不同地區的垂直高差懸殊。受山脈走向的影響，多條河流在雲南省內奔流而過。得天獨厚的地理與氣候條件孕育了雲南神奇、壯麗的自然風光。

長江第一彎

手拉手的三條江

在雲南省內，怒江、瀾滄江和金沙江三條大江像三個手拉手的小朋友，自北向南並行奔流，形成世界上唯一的「江水並流而不交匯」的奇特景觀，被稱作「三江並流」。

熱鬧的碧塔海

碧塔海是一個美麗的高原湖泊，由雪山溪流匯聚而成。每年春夏之交，湖畔杜鵑花盛開，有白色、粉色、紫色等顏色，繽紛絢麗！

杜鵑花瓣含有微毒，魚兒誤食以後就像醉酒一樣漂在湖面上，呈現「杜鵑醉魚」的有趣景象。

梅里雪山天氣變化多端，雪崩頻發。

梅里雪山

梅里雪山是雲南省內一條南北走向的山脈，雪峯林立。其主峯卡瓦格博峯海拔 6740 米，山頂終年積雪，形成冰川地貌。雪山上生長着雲杉和冷杉等樹木及高山灌叢、高山草甸，擁有十分豐富的野生動物資源和藥用植物資源。

儘管山高坡陡，每年仍然有許多人來到梅里雪山，欣賞美麗的雪山風光。

奇險壯觀的虎跳峽

虎跳峽是深窄的峽谷，以「險」聞名天下。金沙江流到這裏，遇上了玉龍雪山和哈巴雪山的「夾擊」，原本平靜的江水頓時激起驚濤駭浪。

美麗的西雙版納

如果你看一看世界地圖，會發現一件有趣的事：北回歸線附近常常分佈着沙漠。但西雙版納是個例外，這裏有着茂盛的熱帶雨林，堪稱一片神奇的綠洲。

望天樹

植物中的「巨人」，能長到幾十米高。

波羅蜜

波羅蜜的花直接開在樹幹上，果實也直接長在樹幹上。這是出現在熱帶雨林植物上的特殊現象：老莖生花結果。

油棕

熱帶地區重要的油料作物之一。

鼷鹿

中國偶蹄類動物中體形最小的一種。

動植物的王國

西雙版納終年高溫，非常適合熱帶動植物的生長。

榕樹

榕樹垂下無數氣生根，一棵榕樹也能長成一片「森林」。

板狀根好像許多扁平的三角尺，可以支撐樹幹。

榕樹纏在其他樹木上，最終被纏住的樹木常常因為缺少養分和陽光而枯死，這就是「絞殺現象」。

綠孔雀

又叫爪哇孔雀，羽毛非常美麗。

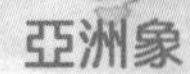

亞洲象

在西雙版納野象谷，你有機會看到野生亞洲象！

浴佛節

潑水節又叫浴佛節，人們沐浴更衣，浴佛聽經。

象腳鼓

傣族傳統樂器，形狀像大象的腳，也像高腳酒杯。

孔雀舞

傣族傳統舞蹈，看這優美的舞姿，像不像一隻開屏的孔雀？

賽龍舟

每年的潑水節，瀾滄江上都會舉行龍舟比賽，鑼鼓聲、喝彩聲此起彼伏，使節日氣氛達到了高潮。

熱鬧的潑水節

潑水節是傣族的傳統節日，因節日期間人們互相潑水祝福而得名。每年都有許多遊客專程來到西雙版納傣族自治州，體驗熱鬧有趣的潑水節。

茶馬古道上的城鎮

在古代，生活在西部的各族人民用馬匹等貨品與內地交換茶葉等必需品，這種交易所形成的交通路線就是茶馬古道。雲南的許多城市都因為茶馬古道而繁榮、興盛。

茶馬古道的起點

雲南普洱是茶馬古道的起點之一，大量普洱茶都會運到這裏，加工好後再運向四面八方。

將普洱茶壓緊製成茶餅便於運輸和儲存。

重要驛站 —— 沙溪鎮

沙溪鎮位於大理劍川縣，是一個以白族為主的少數民族聚居地，也是茶馬古道上的重要驛站。鎮上的寺登街曾經是茶馬古道上熱鬧的集市。

馬店

人和馬休息的旅店。

馬幫

馱運貨物的隊伍，頭領被稱作「鍋頭」。帶路的頭馬繫着銅鈴，打扮得很神氣。

東巴文

納西族歷史上在宗教經書中使用的一種文字，按字形結構可分為圖畫文字和象形文字。

白族紮染

用植物的藍靛溶液做染料的染色技藝。

三道茶

白族招待賓客的茶禮，有「一苦二甜三回味」的特點。

萬古樓

位於古城西南角的獅子山頂，樓上有上萬個納西風格的龍頭，十分壯觀。

玉龍雪山

山頂常年積雪。

木府

原為麗江土司木氏的衙署，融合了漢族與納西族的建築風格。

四方街

位於古城中心，是茶馬古道上重要的樞紐站。

樞紐之地——麗江古城

麗江古城是一座保存完整的納西族聚居的古鎮，位於玉龍雪山腳下，是茶馬古道的必經之處。

美麗的元江兩岸

元江是一條發源於雲南的大河，因汛期江水呈紅色，所以也稱「紅河」。元江流經楚雄、玉溪、紅河等地，沿岸有無數美麗的自然和人文風光。

哀牢山風光

哀牢山是元江與阿墨江的分水嶺。哀牢山蘊藏着豐富的動植物資源，建有國家級自然保護區。

南恩瀑布

從百米高的山頂垂掛而下，氣勢磅礴。

鐘萼木

又名伯樂樹，是中國特有的珍稀樹種。

西黑冠長臂猿

國家一級保護動物，雄性一般為黑色。

帽天山的生命奇跡

澄江動物化石羣首次發現於玉溪市澄江縣帽天山，被國際科學界稱為「20 世紀最驚人的發現之一」。這些化石奇跡般地保存了生物的軟體部分，生動地再現了寒武紀大爆發時期海洋生命的壯麗景觀。

撫仙湖蟲化石

澄江生物羣中特有的化石。撫仙湖蟲是寒武紀早期的海洋生物。

山水相依 —— 撫仙湖

撫仙湖位於玉溪，是中國第二深水湖。湖中有一座小島，名叫孤山島。湖水與小島形成了一幅和諧美麗的畫面。

精確的灌溉系統

哈尼族同胞精心修築的水渠使每一塊哈尼梯田都能得到合理灌溉，精巧的設計使這些水渠可以根據梯田面積的大小精確控制流入梯田的水量。

哈尼族的傑作

在紅河哈尼族彝族自治州，分佈着壯觀的紅河哈尼梯田。哈尼族將森林、村寨、梯田、水系有機結合，營造了一個人與自然和諧相處的美麗家園。

蘑菇房

哈尼族傳統民居，外形酷似蘑菇，冬暖夏涼，屋頂還可以晾曬糧食。

鋩鼓舞

哈尼族的傳統祭祀舞蹈。

走進喀斯特世界

喀斯特地貌是水對石灰岩等可溶性岩石進行溶蝕等作用所形成的地貌。石林、溶洞、天坑……都是喀斯特這位「魔術師」的傑作。想看一看這些神奇的「魔術」嗎？來一次「中國南方喀斯特」世界自然遺產之旅吧！

雲南石林

奇峯怪石拔地而起，直衝雲霄。走在迷宮般的石林裏，小心迷路啊！

貴州荔波與廣西環江

喀斯特地貌不只有光禿禿的石頭。在荔波，頑強的樹木扎根在石縫中，甚至生長在水裏。石山上鋪滿鬱鬱葱葱的原始森林，像一顆美麗的綠寶石。

環江喀斯特與荔波喀斯特自然相連，綠色的山峯錯落有致地排列着，非常壯觀。

貴州施秉

施秉雲台山也屬於典型的喀斯特地貌，但構成山體的白雲岩非常古老，並且相對不容易被溶蝕，因此十分稀有。

荔波小七孔風景區

因河上一座七孔古橋而得名，集湖水、森林、瀑布等多種景觀於一體，是荔波著名的風景區。

重慶金佛山

金佛山像一座孤島，四周被石灰岩陡崖包圍，山體內部發育有巨大而古老的喀斯特溶洞，距今已有幾百萬年了。

重慶武隆

武隆喀斯特由芙蓉洞、天生橋和天坑等區域組成，各有特色。

芙蓉洞

石灰岩溶洞中佈滿形態各異的鐘乳石。

後坪天坑

地下溶洞露出地面，形成巨大的天坑。後坪天坑是由幾個天坑共同組成的天坑羣。

天生橋

溶洞崩塌後殘留的部分形成了天生橋。武隆的三座天生橋非常高大，好像巨人走的橋。

土家族擺手舞

武隆是土家族同胞的聚居地之一。土家族的擺手舞自由奔放，很有特色。

廣西桂林

桂林山水離不開灕江。遊人順流而下，好像在畫中遊，難怪有「桂林山水甲天下」這一千古名句。

黔山貴水——貴州

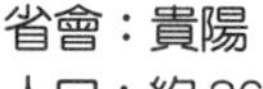

省會：貴陽
人口：約 3623 萬
面積：約 18 萬平方公里

貴州省，簡稱貴、黔，地處中國西南內陸地區，是知名的山地旅遊大省。漢族、苗族、布依族、侗族等民族世代居住在這裏，組成了一個多姿多彩的貴州。

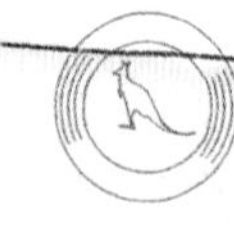

曉晴：

貴州菜又酸又辣，好過癮啊！據說，因為貴州幾乎不產鹽，所以做菜時常用酸和辣調味。這裏的夏天真涼爽，夜裏不蓋被子會很冷。

子謙

德江儺堂戲

一種由祭祀儀式演變而來的戲曲形式，演員常常戴着面具表演。

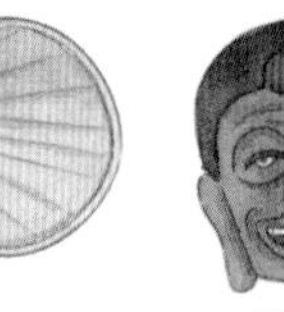

儺戲面具

格凸河穿洞

巨大的石灰岩溶洞穿透山體，屬於喀斯特地貌。

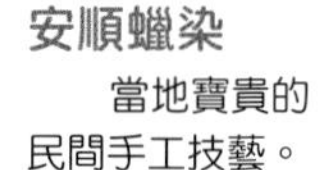

安順蠟染

當地寶貴的民間手工技藝。

六盤水煤田

華南重要的煤炭基地，為火力發電廠提供了豐富的能源。

茅台酒

仁懷市茅台鎮特產，中國名酒，馳名中外。

北盤江大橋

當今世界第一高橋，橋面到江面的垂直距離相當於 200 層樓的高度。

水族馬尾繡

用絲線將馬尾捲起來，然後做成像浮雕一樣有立體感的繡品。

500 米口徑球面射電望遠鏡

被譽為超級「天眼」，位於貴州省平塘縣。

酸湯魚

貴州菜餚的代表之一。

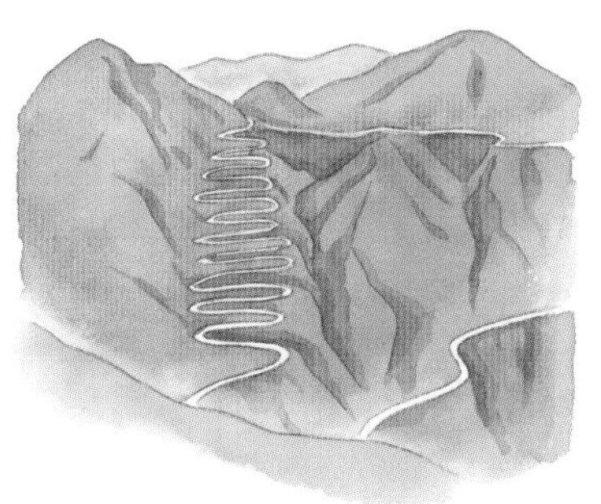

二十四道拐

位於貴州省黔西南布依族苗族自治州的公路，蜿蜒盤旋，在抗日戰爭中發揮了重要作用。

地形地貌

地貌起伏大，喀斯特地貌廣佈。

氣候

冬無嚴寒，夏無酷暑，降水豐富。

自然資源

煤炭、草場等資源豐富，是重要的油菜和煙草產地。

梵淨山蘑菇石

貴州的標誌性景點之一，上大下小，這種奇特的形狀是風化和侵蝕作用的結果。

梵淨山是武陵山脈的主峯。梵淨山金頂因為早晨常被朝霞籠罩，所以有人稱其為「紅雲金頂」。

為甚麼是貴陽？

提到貴州，人們常會想到遵義，因為那裏是遵義會議召開的地方。但貴州省會並不是名聲在外的遵義，而是貴陽，這是為甚麼呢？

優越的地理位置

貴陽位於貴州省的中心位置，這一地理優勢使貴陽成了整個貴州的交通樞紐。

適宜的自然環境

貴陽屬於亞熱帶高原氣候，夏無酷暑，冬無嚴寒，非常適合居住。

悠久的歷史文化

貴陽早在戰國時期就是夜郎的屬地，擁有悠久的歷史和深厚的文化積澱。

陽明洞

明代哲學家王陽明讀書悟道和講學的地方。

背街

背街是青岩古鎮上最具特色的一條石巷，街邊的院牆全部由石塊砌成。

黔靈山

被譽為「黔南第一山」，山上有許多野生獼猴。

白龍洞

位於貴陽市中心城區的溶洞景觀，洞內鐘乳石密佈。

青岩古鎮

擁有600多年的歷史，原本是一處軍事要塞。

甲秀樓

建於南明河中的一塊巨石上，由浮玉橋與岸邊相連，有400多年的歷史，是貴陽的標誌性建築。

夜郎自大

與夜郎有關的成語，比喻盲目自大。

夜郎谷喀斯特生態園

藝術家們在這裏用雕塑還原自己心中的夜郎文化。

強大的科技實力

貴陽是中國國際大數據產業博覽會的舉辦城市，許多公司和機構都在這裏設立數據中心。

醉人的貴州山水

貴州省高原和山地多，平原少，素有「八山一水一分田」之說。這在一定程度上制約了經濟的發展，但也孕育了無數令人沉醉的山水美景。

壯觀的黃果樹瀑布

黃果樹瀑布因附近的一棵黃桷樹的諧音而得名。瀑布水勢浩大，雄偉壯闊，千里之外就能聽見雷鳴般的巨響。

天星橋位於黃果樹瀑布景區內，水上石林的秀麗景觀就像一個天然盆景。

神奇的溶洞世界

織金洞是一個巨大的溶洞，洞內遍佈千姿百態的鐘乳石，還有稀少的捲曲石，讓人歎為觀止。

捲曲石

一種特殊的鐘乳石，彷彿不受地心引力的影響，自由自在地在空中捲曲生長，因此得名。

霸王盔

盔狀石筍，酷似古代將軍戴的頭盔，是織金洞的代表景點之一。

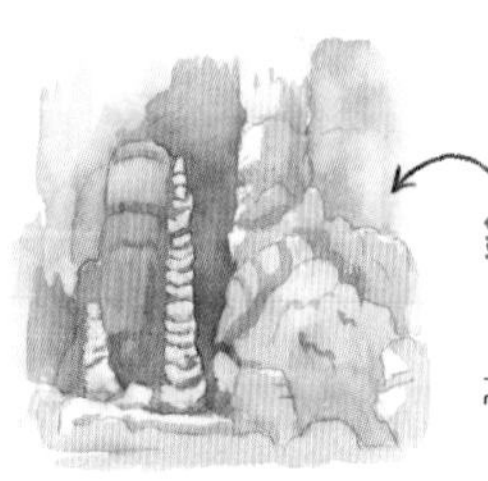

銀雨樹

塔松狀石筍，形態優美，亭亭玉立，被譽為「鎮洞之寶」。

探祕興義國家地質公園

興義國家地質公園包括萬峯林、萬峯湖和馬嶺河峽谷等景區。一座座圓錐形狀的小山包綿延數百公里，好像一片綠色的海洋。

萬峯林

屬中國西南喀斯特地貌，堪稱中國錐狀喀斯特博物館。

壩子

峯林之間的小型盆地，可以耕地，也可以居住。

萬峯湖

水力發電站建成後蓄水形成的人工湖，因為四周被峯林環繞而得名。萬峯湖魚肥水美，是野釣者的樂園。

多彩的赤水丹霞

赤水擁有中國面積最大的丹霞地貌，但赤水丹霞可並非只有紅色的！火紅的絕壁上點綴着綠色森林，白練般的瀑布傾瀉而下，多姿多彩，美不勝收。

馬嶺河峽谷

一條地縫，集雄、奇、險、秀於一體。峽谷幽深，水流湍急，非常適合漂流。

大美古村寨

對於從小生活在城市裏的小朋友來說，每天都生活在鋼筋水泥的「森林」裏。你知道嗎？在貴州，人們可以生活在起起伏伏的山坡上，住在石頭造的房子裏，不少村寨都有着悠久的歷史。

山上的房子

在貴州省雷山苗族自治縣，人們早就習慣了住在山坡上的日子。這裏多山地，連綿起伏的山地間有一個個村寨。為了適應獨特的地理環境，這裏的房子以吊腳樓為主，這樣，即使地面不平也可以穩穩地「站」在山上。

在雷山，人們喜歡在傳統節日裏舉辦鬥牛活動。在喜慶的節日氣氛裏，再沒有甚麼能比觀看一場激烈的鬥牛比賽更過癮的事了。

歡迎來到「石頭王國」

如果你走進安順市石頭寨村，一定會疑惑：這裏的房子、小橋，甚至家具怎麼都是石頭做的？這是因為附近的山上有很多石頭，就地取材當然是最方便的。

肇興侗族村寨

肇興侗族村寨位於貴州省黎平縣，以鼓樓羣最為著名。鼓樓是侗族特有的建築，是舉行重大活動的場所。

天府之國——四川

省會：成都
人口：約 8375 萬
面積：約 49 萬平方公里

四川省，簡稱川、蜀，位於中國西南部，自古就有「天府之國」的美譽。四川有神奇的古文明、火辣的川菜、可愛的熊貓寶寶和看不盡的美景，是個讓你來了就不想走的地方。

大熊貓

四川是大熊貓的故鄉。

閬中古城

中國保存較完整的四大古城之一。

龔扇

用非常細的竹絲編成的扇子，精巧別致，質薄如絹。

辣椒

四川人喜歡吃辣，有時候還會比賽誰吃得多！

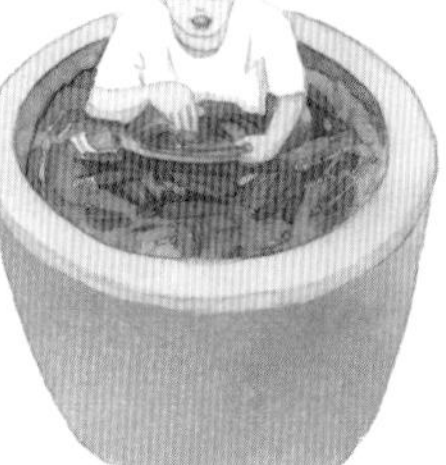

大渡河

屬於長江水系。中央紅軍曾在長征中強渡大渡河。

吐火

川劇絕技。演員氣沉丹田，稍一運氣就能吐出一道火柱。

五糧液酒

中國著名白酒，產於四川宜賓。

蜀錦

中國著名絲綢品種，主要產於四川成都。蜀錦織機非常大。

曉晴：

我昨天在三星堆博物館看到了一個特別大的面具，長着大大的耳朵和凸出來的眼睛。這麼奇怪的面具是給誰戴的呢？

子謙

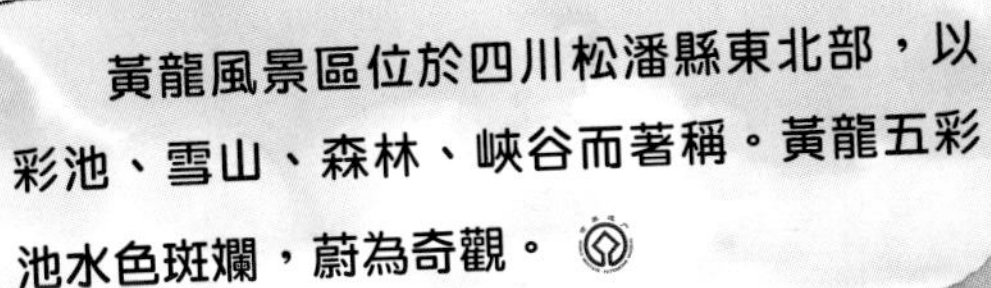

黃龍風景區位於四川松潘縣東北部，以彩池、雪山、森林、峽谷而著稱。黃龍五彩池水色斑斕，蔚為奇觀。

地形地貌

山地、丘陵和高原所佔比重大，地表起伏大，高差懸殊。

氣候

東部暖，西部冷，不同區域和海拔的氣候差異明顯。

自然資源

礦產資源和動植物資源豐富，是國內重要的中藥材產地。

青銅神樹和樹上的神鳥體現了古蜀民對太陽和太陽神的崇拜。

青銅大面具又寬又大，比幼稚園的小朋友還要高。

三星堆博物館

展示了面具、青銅神樹等三星堆遺址出土的許多珍貴文物。

杜甫草堂

紀念唐代大詩人杜甫的祠堂。

金絲猴

中國一級保護動物，在四川、雲南和貴州都有分佈，其中四川金絲猴的毛色最豔麗。

武侯祠

三國時期蜀漢丞相諸葛亮的祀祠。

體驗成都的慢生活

人們說，成都是一座慢悠悠的城市。成都平原物產豐富，美麗的芙蓉點綴大街小巷。逛逛巷子喝喝茶，有甚麼比這份悠閒更可貴呢？

寬窄巷子裏開着各式各樣的店鋪，售賣川劇臉譜、熊貓玩偶等商品。

逛逛寬窄巷子

寬窄巷子是成都保留至今的清朝古街道，包括寬巷子、窄巷子和井巷子等相互連通的多條街巷。走在綠樹成蔭的巷子裏，好像時間都放慢了腳步。

缽缽雞

四川傳統小吃，把加工後的食材晾涼，穿成串後泡在裝滿辣油的瓦罐裏，吃起來香辣可口。

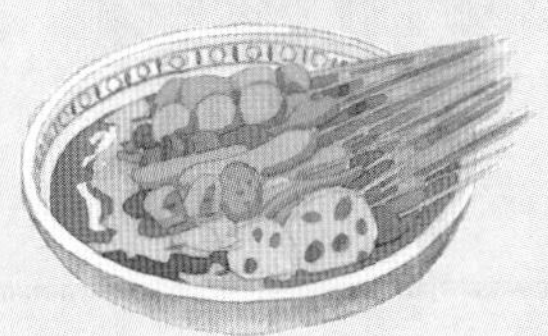

三大炮

主要由糯米做的小吃，因為製作時會發出「砰、砰、砰」三聲而得名。

川菜和川劇最配了

到了成都怎麼能不嚐嚐正宗的川菜呢？很多川菜館都有川劇表演，你可以近距離欣賞川劇絕活——變臉。

成都人愛吃火鍋，有時連蛋糕都會做成火鍋底料的樣子。

掏耳朵也叫採耳。在成都街頭，有許多人一邊喝茶一邊享受採耳服務。

熱鬧的茶館

成都的街頭有很多茶館，人們在這裏喝茶聊天，打牌聽書，有時還會在茶館裏解決鄰里糾紛。小小的茶館裏熱鬧非凡。

成都茶館裏的傳統茶具是茶碗、茶蓋和茶托子，俗稱蓋碗茶。

走進雪山的世界

出了成都平原，翻過西邊的邛崍山就是川西北高原。這裏有着神奇的自然風光。

由於冰川的作用，貢嘎雪峯就像一座陡峭的金字塔。

蜀山之王的雄姿

貢嘎山是四川第一高峯，被譽為「蜀山之王」。山上氣候寒冷，覆蓋着厚厚的冰川。其中海螺溝冰川長約 15 公里，是亞洲最東邊的低海拔現代冰川。

石頭怎麼穿上了「紅衣服」？因為上面生長着一種藻類。

勤勞智慧的結晶

自古以來，四川人民都在用自己的勤勞和智慧創造着一個又一個奇跡。

「蜀道之難，難於上青天」

四川盆地被高山包圍，交通閉塞。但勤勞勇敢的人們從沒有放棄過走出大山的夢想，在懸崖峭壁上修出了棧道，這就是蜀道。

著名的唐代詩人李白曾在《蜀道難》一詩中感歎，「蜀道之難，難於上青天」。

千年鹽都 — 自貢

自貢有豐富的地下鹵水資源。早在東漢時期，這裏的人們已經開始鑿井取鹽。歷代勞動人民發揮自己的聰明智慧和創造才能，總結出一套完整的井鹽生產技術。

探祕大熊貓棲息地

四川大熊貓棲息地包括卧龍、四姑娘山和夾金山脈，是世界上最大的大熊貓棲息地，也是人工繁殖大熊貓的重要科研基地。

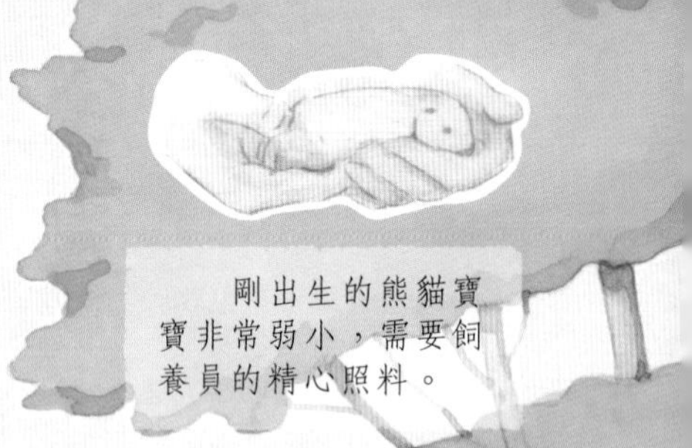

大熊貓的日常

大熊貓是中國特有的珍貴動物，被譽為中國的「國寶」，受到全世界人民的喜愛。在卧龍的「中華大熊貓苑」裏，牠們天真可愛的樣子總能把小朋友逗得哈哈大笑。

剛出生的熊貓寶寶非常弱小，需要飼養員的精心照料。

別看大熊貓圓滾滾的，牠們可是爬樹高手！

「釣貓」不僅有趣，還能鍛煉大熊貓的後肢力量。

大熊貓的尖牙可以毫不費力地咬斷堅硬的竹子。

在野外，黑白相間的外表有利於大熊貓躲避天敵。

珍稀動植物的家園

在四川大熊貓棲息地，你還能看到許多其他的珍稀動植物。

水母雪蓮花是生長在高山上的珍稀植物。

小熊貓可不是大熊貓的「親戚」，牠們屬於浣熊科。

珙桐是一種珍稀的古老樹種，它們的花遠看像白鴿，所以有「中國鴿子樹」的別稱。

除了卧龍的「中華大熊貓苑」，在成都大熊貓繁育研究基地也能看到可愛的大熊貓！

山山水水，眾多世界遺產

四川擁有許多得天獨厚的自然景觀和人文景觀，多彩的九寨溝、秀麗的峨眉山、壯觀的樂山大佛……其中有許多世界遺產喔！

九寨歸來不看水

九寨溝因溝內有九個藏族寨子而得名。水是它的靈魂，瀑布連着湖泊，湖泊倒映着彩林，湖水的顏色千變萬化，難怪人們說九寨溝是「水景之王」。

我來幫你調調角度。

峨眉天下秀

峨眉山是中國佛教四大名山之一，自古就有「峨眉天下秀」的美譽。站在海拔 3000 多米的金頂上，可以欣賞到峨眉山四大奇景：日出、雲海、佛光、聖燈。

峨眉山上有許多調皮的猴子，小心牠們來搶你的零食啊！

峨眉山金頂

山裏的大佛

樂山大佛位於岷江、青衣江和大渡河三江交匯處，是世界現存最大的一尊石刻佛像，僅大佛的腳背就有8.5米寬，有「山是一尊佛，佛是一座山」的美譽。

青城天下幽

青城山是中國道教發祥地之一，峯巒起伏，景色清幽，因山的形狀像城郭而得名。

造福千年的都江堰

都江堰是岷江上的大型水利工程，也是世界現存歷史最悠久的無壩引水工程，戰國時期由李冰主持修建。多虧了都江堰，成都平原才有了穩定充足的水源保障，成了沃野千里的「天府之國」。

清明時節，都江堰會舉辦盛大的放水節，紀念李冰。

被埋葬的恐龍王國

「四川恐龍多，自貢是個窩」，自貢恐龍博物館是中國第一座專業性恐龍博物館。雖然恐龍在約 6500 萬年前就滅絕了，但你可以在這裏看到這些龐然大物的化石。

難以置信的「恐龍公墓」

自貢恐龍博物館是在著名的「大山鋪恐龍化石羣遺址」上就地興建的，這裏埋藏着大量恐龍化石，就像一個「恐龍公墓」。

吃肉？吃草？牙齒大不同！

蜀龍是一種植食性恐龍，牠的牙齒像細長的勺子一樣，便於咀嚼樹葉。

永川龍是一種肉食性恐龍，牠的牙齒像匕首一樣鋒利，便於撕扯獵物。

博物館遊客中心的外觀像一隻巨大的劍龍。

走進侏羅紀

自貢恐龍博物館是目前世界上收藏和展示侏羅紀恐龍化石最多的地方。除了恐龍，這裏還有許多和恐龍生活在同一時代的其他動物的化石。

劍龍是一種植食性恐龍，屬於鳥臀目。牠們用四足行走，前肢比後肢短，背上長有甲板。

這隻馬門溪龍的
腦袋都伸到二樓了！
翼龍是一種
會飛的爬行動物。
這隻峨眉龍身長達20米。
這隻華陽龍正
在用尾錘進行防禦。
哈哈，午餐
到手！

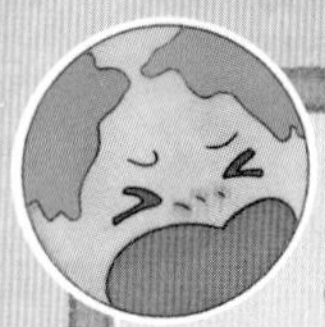

地球「打了個噴嚏」

我們打噴嚏時，身體會突然抖動一下。如果地球「打了個噴嚏」，那是地震了！

中國是個多地震的國家，西部的地震活動比東部頻繁。

甚麼是地震

地震是地球內部的岩石在力的作用下突然急劇運動而破裂，產生地震波，從而引起一定範圍內地面振動的現象。地震是最嚴重的自然災害之一。

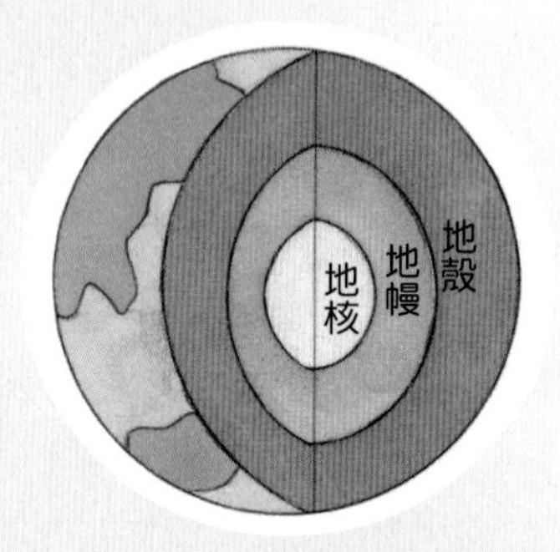

地球為甚麼會「打噴嚏」

大部分地震都是板塊運動的結果。

地球由地核、地幔和地殼組成。地球外層有岩石圈，人們把全球岩石圈劃分為六大板塊：歐亞板塊、非洲板塊、美洲板塊、印澳板塊、南極板塊和太平洋板塊。

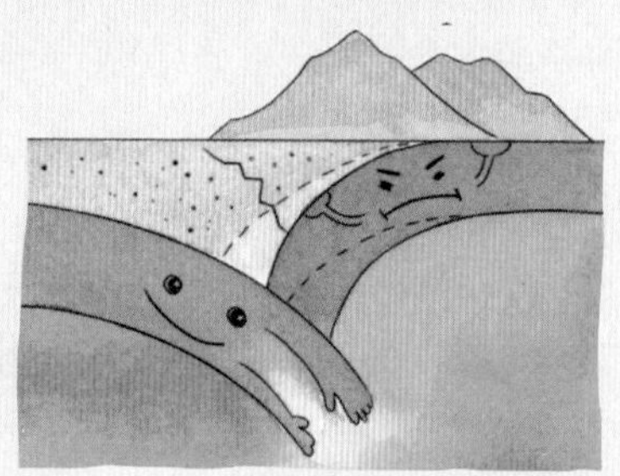

板塊之間的相對運動產生了地球上的高山和海溝。

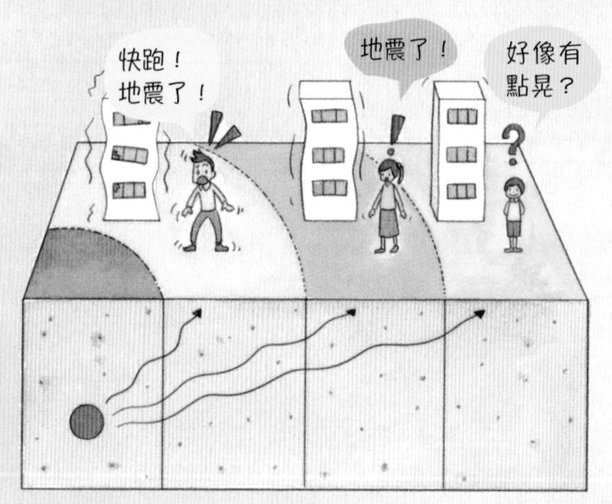

地震烈度由大到小，距離震源越近震感越強。

地震大小怎麼算

衡量地震大小的「尺子」有兩把：震級和烈度。震級代表地震的大小，烈度反映了地震破壞的程度。一次地震只有一個震級，但不同地點的地震烈度是不一樣的。

為甚麼地震這麼可怕

地震不僅會造成建築物倒塌、道路裂開等後果，還可能引發山泥傾瀉、泥石流和海嘯等次生災害。

山泥傾瀉和泥石流常常摧毀農田、房舍，傷害人畜，毀壞交通設施等，造成巨大的災難。

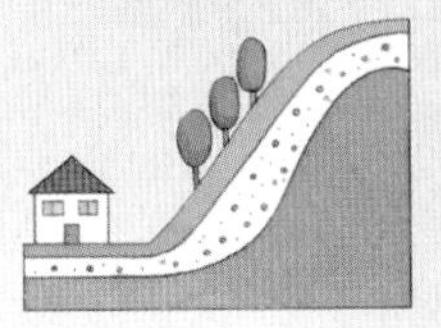

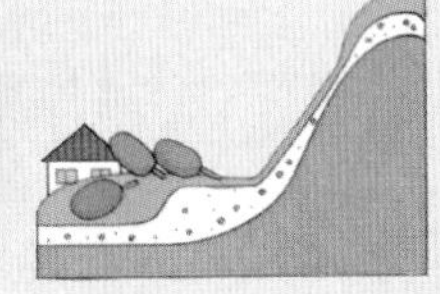

山泥傾瀉前後對比

海嘯

由海底地震、火山噴發或海底滑坡等因素引起的巨浪，掀起的「水牆」可高達幾十米。

泥石流

具有暴發突然、來勢兇猛、破壞力大等特點，是山區常見的一種自然災害。

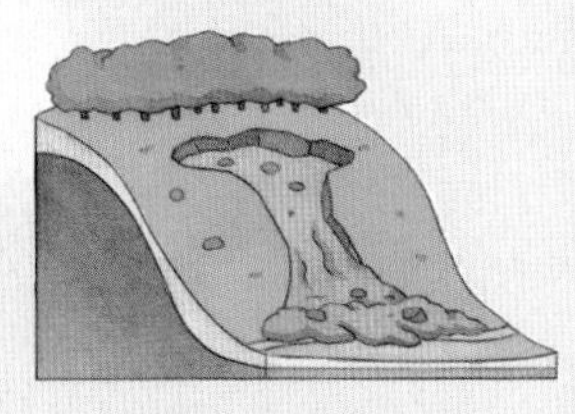

中國西南地區是地震、山泥傾瀉、泥石流等地質災害多發區，其中有自然原因，也有人為原因。

自然原因

- 地質原因——板塊交界處，板塊活動頻繁
- 地形原因——地形複雜，多山地
- 氣候原因——降水充足，多暴雨

人為原因

- 開發山區，破壞植被
- 建築物和人口相對密集
- 防災意識低

地震來了怎麼辦

跟據不同情況採取不同措施。在室內時可以迅速躲到桌下或牆角等處；在室外時要護住頭部，儘快趕到應急避難場所。

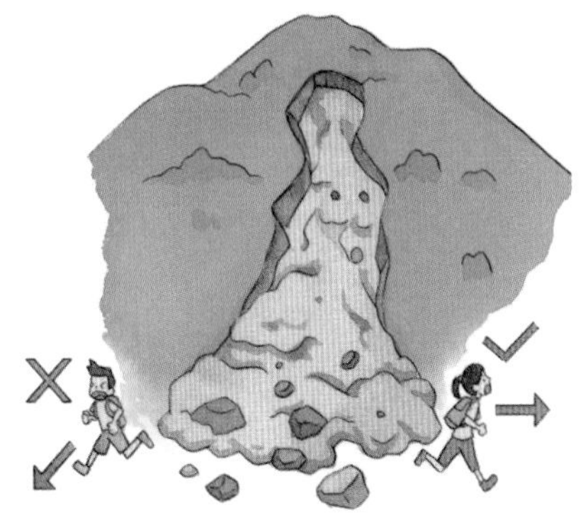

發生泥石流時，要沿着與泥石流前進方向垂直的方向，朝兩邊逃生。

魅力山城——重慶

人口：約 3124 萬
面積：約 8.2 萬平方公里

重慶市，簡稱渝，位於中國西南內陸、長江上游地區，由於多山地而有「山城」之稱。重慶歷史悠久，文化底蘊豐富，擁有眾多名勝古跡。

梁平木版年畫

與竹簾、燈戲並稱梁平「三絕」，至今約有 300 年的歷史。

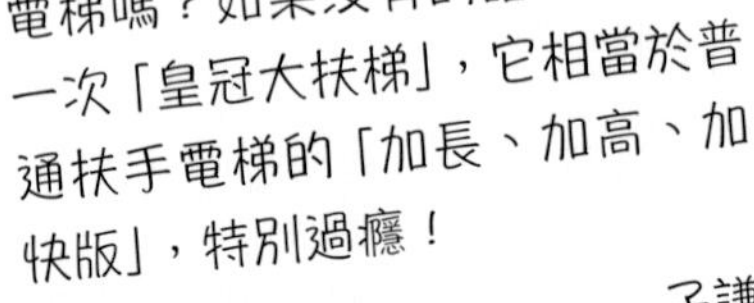

曉晴：

你乘坐過 50 多米高的扶手電梯嗎？如果沒有的話可要來坐一次「皇冠大扶梯」，它相當於普通扶手電梯的「加長、加高、加快版」，特別過癮！

子謙

茶山竹海

位於重慶市永川區，茶園和竹海相交融，空氣清新。

記憶山城銅雕

創作者將 20 多幢吊腳樓錯落有致地融合在一起，還原老重慶的城市風貌。

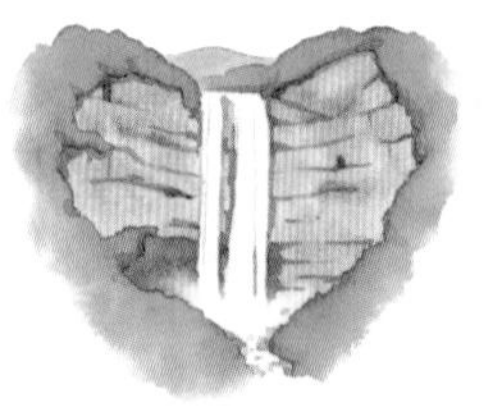

望鄉台瀑布

位於四面山，綠樹和紅色的山崖形成了一個心形景觀。

銅梁龍舞

銅梁的傳統民俗活動，人們用舞龍的方式祈求平安和豐收。

巫山烤魚

巫山的特色美食。

大足石刻

中國唐宋時期的石窟和摩崖造像，規模宏偉，藝術精湛。

石寶寨

位於長江三峽景區中，依山而建，好像一個大型「盆景」。

川江號子

川江船工為了統一動作和節奏所唱的號子，不同的情況下唱不同的號子。

霧都

受地形和氣候影響，重慶多大霧天氣，有「霧都」的稱號。

杜莎夫人蠟像館

這裏的蠟像能達到以假亂真的程度，快來合影吧！

長江索道已經運行30多年了，被譽為「萬里長江第一條空中走廊」，乘坐時可以俯瞰滾滾長江和兩岸風光，吸引了許多遊客前來體驗。

粉黛花海

秋天，在重慶潼南的香水百荷景區，粉黛亂子草的花競相開放，組成了一片粉色海洋。

地形地貌

類型多樣，以山地和丘陵為主，地形高差懸殊，地勢起伏較大。

氣候

亞熱帶季風氣候，氣候温和，雨量豐富，四季分明。

自然資源

礦產資源豐富，特別是鍶礦儲量巨大。

人民解放紀念碑

重慶的標誌性建築之一。

毛肚火鍋

重慶傳統名菜，據說它的起源與拉船的縴夫有關。

不一樣的重慶生活

依山而建的吊腳樓，一座又一座跨江大橋，四通八達的輕軌，開在防空洞裏的火鍋店……對於許多初到重慶的人來說，這些都是新奇的體驗。

千廝門嘉陵江大橋

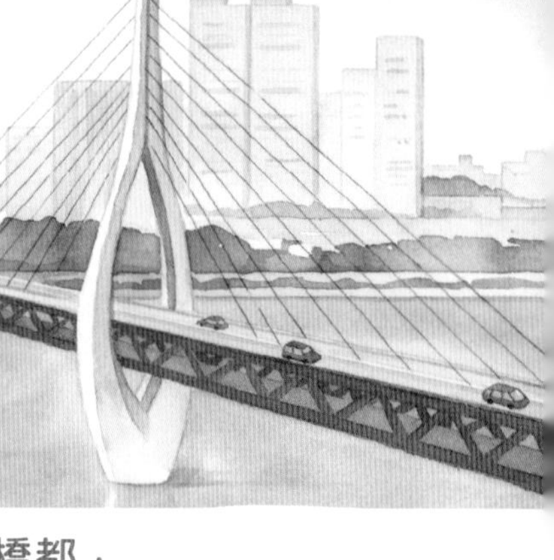

「吃」輕軌啦！

名副其實的「橋都」

恐怕只有重慶人才能理直氣壯地說：「我走過的橋比你走過的路還多！」重慶江河縱橫，長江幹流自西南向東北流經重慶，僅主城區裏就有近 30 座跨江大橋，是名副其實的「橋都」。

輕軌不走尋常路

因為地形複雜，所以重慶的交通很有特式：立交橋、索道、輕軌各顯神通。其中穿樓而過的輕軌 2 號線已經成了重慶的熱門「打卡」地點。

碼頭變古鎮

磁器口古鎮原本是嘉陵江邊一個重要的碼頭，繁盛一時，有「小重慶」之稱。現在是一處風景優美、古香古色的歷史文化古鎮。

防空洞裏吃火鍋

「洞子火鍋」是開在防空洞裏的火鍋店，這可是重慶特色。防空洞依山而建，不僅牢固，而且冬暖夏涼，是個吃火鍋的好地方。

神奇的洪崖洞

洪崖洞位於嘉陵江畔，燈火輝煌的夜景像一個夢幻世界。如果你從第 1 層坐電梯來到第 11 層，會驚奇地發現門外仍是地面！因為洪崖洞是一座依山而建的吊腳樓，你只是從山腳到了山坡！

巴山渝水的魅力

巴山又叫大巴山，是嘉陵江與漢江的分水嶺；渝水是嘉陵江的古稱。巴山渝水在這裏相遇，造就了重慶美麗的山水風光。

縉雲山 — 川東小峨眉

縉雲山位於重慶北部，是中國佛教聖地之一，因為山上有一座縉雲寺而得名。山上共有九座山峯，形態各異，風光秀麗，有「川東小峨眉」的稱號。

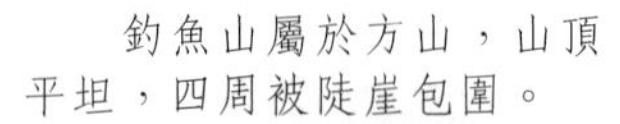
釣魚山屬於方山，山頂平坦，四周被陡崖包圍。

面對懸崖峭壁，強大的蒙古騎兵也沒辦法。

易守難攻的釣魚山

釣魚山位於嘉陵江邊，山頂平坦，四邊都是陡崖，像一張桌子。在釣魚城之戰中，宋軍憑藉釣魚山易守難攻的地形特點抵抗蒙古軍，堅守了 30 多年。1279 年，王立降元，釣魚城失陷。

合川釣魚城是一座依山而建的軍事堡壘。

重慶的峽谷風光

長江三峽包括瞿塘峽、巫峽和西陵峽，以雄奇險秀的峽谷風光而聞名。想領略三峽之美的話，一定要來重慶看一看。

奉節白帝城

這裏是長江三峽的起點，也是三國時期蜀國的重鎮。

瞿塘峽

又稱「夔峽」，是三峽中最短、最窄又最雄偉的峽谷，有「瞿塘天下雄」的稱號。

據說瞿塘峽中有一種神奇的「喊泉」，只要朝岩壁喊一聲，就有泉水流出來。這是一種間歇泉，岩石中的地下水因聲音振動而流出。

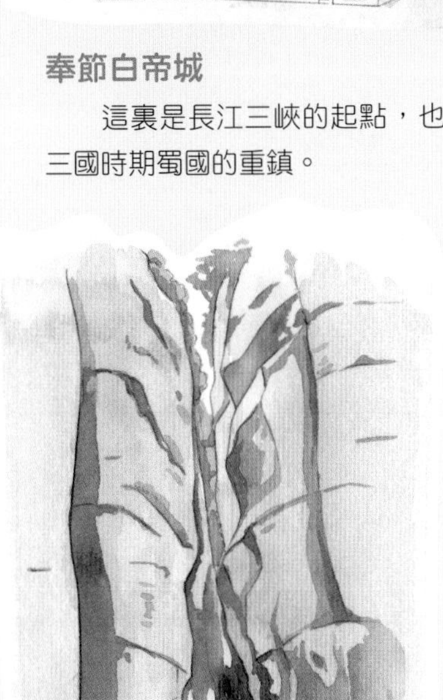

天井峽地縫

典型的「一線天」峽谷景觀。

神女峯

巫峽以幽深秀麗著稱，兩岸分佈着巫山十二峯，其中神女峯最為著名。

龍橋河

位於重慶和湖北之間的暗河，曲折幽深，十分神秘。

長江的饋贈

長江發源於青藏高原，一路奔流向東，注入東海，是中國第一大河，世界第三大河。長江孕育了文明和城市，更帶給我們數不盡的財富。

清潔能源

長江擁有豐富的水能資源，位於湖北省的三峽水利樞紐是世界上裝機容量最大的水力發電站。

沱沱河

長江源頭，河流像編辮子一樣蜿蜒前行。

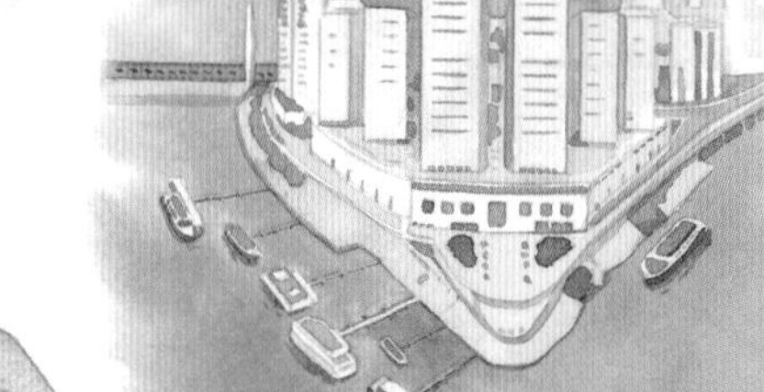

重慶

重慶江河縱橫，長江幹流自西南向東北流經重慶。

「黃金水道」與城市

長江流程長、水量大、江水終年不凍、水運條件便利，被譽為「黃金水道」。重慶、武漢、上海等城市依託沿江的地理優勢迅速崛起。

文明的搖籃

長江是中國古代文明的發源地之一。

武漢

武漢位於長江與漢江交匯處，有「九州通衢」之稱。

金杖

出土於四川省三星堆遺址，上面還雕有精美的小魚圖案。

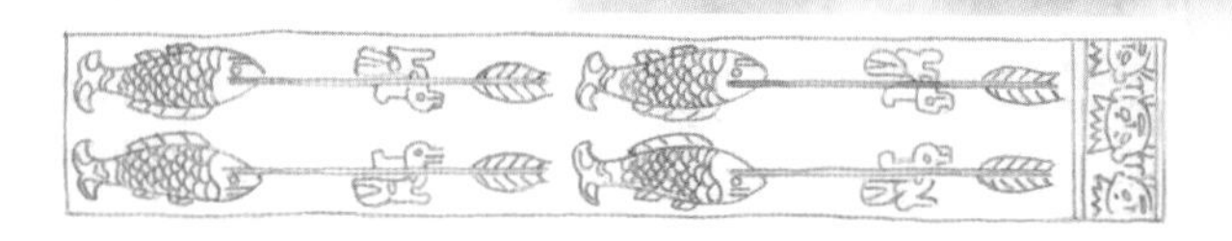

魚米之鄉好風光

長江中下游平原土壤肥沃，是中國重要的糧食產區，自古就被譽為「魚米之鄉」。

可愛的「長江精靈」

長江不僅哺育了人類，也是無數水生動物的家園。

長江江豚

白鱀豚

豬紋陶缽

出土於浙江省河姆渡遺址，由黑陶製成，是河姆渡文化的代表文物。

上海

上海位於長江入海口，航運便利。

曾侯乙墓編鐘

出土於湖北省曾侯乙墓，是楚文化的代表文物。

鄱陽湖

長江中下游的大型吞吐湖，是中國最大的淡水湖。

溜索是怎樣架起來的呢？

西南地區擁有中國最長、最寬和最典型的南北向山系——橫斷山脈。大山大河阻斷了交通，數千年來，溜索是人們過江的主要方式。

長長的溜索是怎樣架起來的呢？

橫斷山區居住着怒族、傈僳族等民族的同胞，據說他們是這樣架設溜索的：

①把一支尾巴上繫着細線的箭射到江對面。

②對岸的人接到細線後，用細線拉小繩，再用小繩拉粗繩，粗繩拉纜繩。

③射箭的人順着細線最終把纜繩拉過來，固定好。

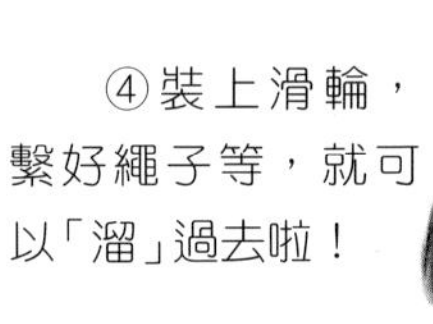

④裝上滑輪，繫好繩子等，就可以「溜」過去啦！

今天，大部分溜索已經被橋所代替，橫斷山區的交通變得方便、安全多了。